Angelika Kipp

Nebendran der Weihnachtsmann

Weihnachtliche Bandornamente & mehr

frechverlag

Von der bekannten Autorin Angelika Kipp sind im frechverlag zahlreiche andere erfolgreiche Titel erschienen. Hier eine Auswahl:

TOPP 2107

TOPP 2104

TOPP 2106

TOPP 2105

TOPP 2237

TOPP 2235

Zeichnungen: Berthold Kipp
Fotos: frechverlag GmbH + Co. Druck KG, 70499 Stuttgart; Fotostudio Ullrich & Co., Renningen

Auflage: 5. 4. 3. | Letzte Zahlen
Jahr: 2001 2000 1999 98 | maßgebend

frechverlag GmbH + Co. Druck KG, 70499 Stuttgart
ISBN 3-7724-2236-5 · Best.-Nr. 2236
Druck: frechverlag GmbH + Co. Druck KG, 70499 Stuttgart

Selbstgebastelte Bandornamente, aus einem Stück Tonpapier geschnitten, sind ein bekannter und beliebter Schmuck an vielen Winterfenstern.

Doch diese Form von Fensterbildern birgt viele ungeahnte Möglichkeiten in sich: Ketten aus gleichartigen und unterschiedlichen Motiven können auf ganz vielfältige Art und Weise aneinandergereiht werden! Zum Beispiel geben sich Schneemänner mittels Musterklammern die Hände. Oder man verbindet Tannenbäume mit einem schmalen Geschenkband und reiht Eisbären auf einen Nähfaden auf. Andere Motive wie zum Beispiel die Eiskristalle werden einfach mit Klebstoff miteinander verbunden.

Da einige Motive dreidimensional gearbeitet sind, kann man diese Ketten auch in den Raum hängen und die schönsten Weihnachts- und Wintergirlanden selbst kombinieren.
Eine solche Arbeit bietet sich als Gemeinschaftsprojekt in Schule und Kindergarten an: Jeder bastelt ein Motiv, und dann wird eine lange Kette zusammengestellt aus Engeln oder Tannenbäumen, Eisbären, Schnee- oder Weihnachtsmännern!
Einen lieben Gruß und viel Spaß beim Basteln
wünscht Ihre

Angelika Kipp

Arbeitsmaterial

- Tonpapier
- Tonkarton
- Transparentpapier
- Dünne Pappe
- Schere
- Bastelmesser
- Schneideunterlage
- Weicher und harter Bleistift
- Lineal
- Klebestreifen
- Klebstoff, z. B. UHU Alleskleber
- Lochzange
- Schwarzer Filzstift
- Nähgarn
- Nähnadel
- Geschenkbänder (ca. 3 mm breit)
- Musterklammern
- Locher
- Evtl. Kreisschablone

Tips und Tricks für Ihre Bandornamente

Bandornamente aus Tonpapier, die aus einem Stück geschnitten werden

(siehe Vorlagenbogen)

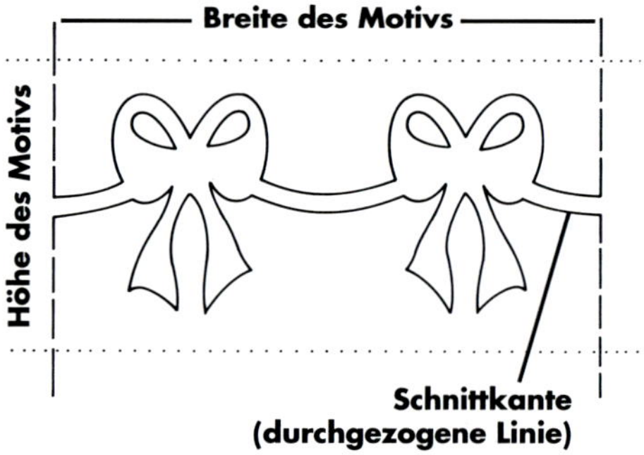

Exakte Faltkanten bei Tonpapier und Tonkarton

Fahren Sie mit einer spitzen Schere unter Zuhilfenahme eines Lineals mit leichtem Druck über die spätere Faltstelle. Diese läßt sich dann leicht und exakt knicken.

Schritt für Schritt erklärt

Tonkartonketten

Tonkartonketten werden ohne Faltungen ausgeschnitten.

1 Legen Sie Architekten- oder Transparentpapier auf das ausgewählte Motiv auf dem Vorlagenbogen, und übertragen Sie mit einem Bleistift alle benötigten Einzelteile ohne Überschneidungen.

2 Dann kleben Sie das Transparentpapier mit allen abgepausten Motivteilen auf eine dünne Pappe und schneiden die Einzelteile mit Schere oder Cutter heraus. Fertig sind die Schablonen, die Sie nun auch mehrfach verwenden können!
Nun können Sie alle benötigten Einzelteile herstellen, indem Sie die Schablonen einfach auf Tonkarton der gewünschten Farbe legen, mit einem Bleistift umfahren und sie dann ausschneiden.

3 Die Gesichter und alle gepunkteten Linien werden aufgezeichnet. Der Vorlagenbogen und die Abbildung helfen Ihnen bei der Plazierung der Striche.
Fügen Sie dann die Einzelteile mit Klebstoff zum gewünschten Motiv zusammen. Mit Hilfe einer Lochzange stanzen Sie die auf dem Vorlagenbogen eingezeichneten Punkte aus. Mit Musterklammern lassen sich beliebig viele Figuren verbinden.
Bitte beachten Sie, daß nicht alle Musterklammer-Motive zu den anderen passen, da sich die Löcher in unterschiedlicher Höhe befinden.

Tonpapierketten

Diese Ketten werden aus einem Streifen Tonpapier, der gefaltet wird, ausgeschnitten.

1

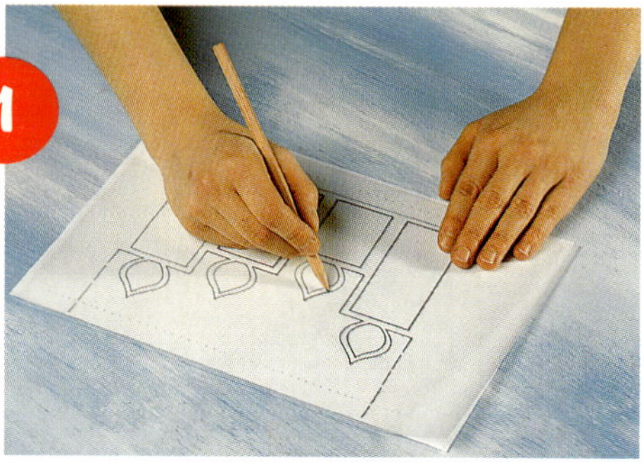

1 Nehmen Sie das ausgewählte Motiv vom Vorlagenbogen mit Hilfe von Transparentpapier und einem weichen Bleistift ab.

2

2 Mit einem Lineal messen Sie die Höhe und die Breite des ausgewählten Motivs (siehe Vorlagenbogen) ab, und übertragen diese Maße so oft auf das Tonpapier, bis das Bandornament die gewünschte Länge erreicht hat. Die Zeichnung auf S. 4 erklärt, wie die gepunkteten, gestrichelten und durchgezogenen Linien auf dem Vorlagenbogen zu verstehen sind.

3

3 Unter leichtem Druck fahren Sie mit einer spitzen Schere über die späteren senkrechten Knickstellen – ein Lineal ist dabei der ideale Helfer! Ihr Tonpapier läßt sich an diesen Stellen dann leichter und exakter falten.

4

4 Falten Sie das Papier ziehharmonikaartig, wobei das Deckblatt von links zu öffnen sein sollte.

5 Nun legen Sie das Transparentpapier mit dem aufgezeichneten Motiv ganz exakt auf das passend gefaltete Tonpapier. Damit das Transparentpapier nicht verrutscht, heften Sie es am besten mit einigen Klebestreifen auf Ihrer Arbeitsunterlage fest.

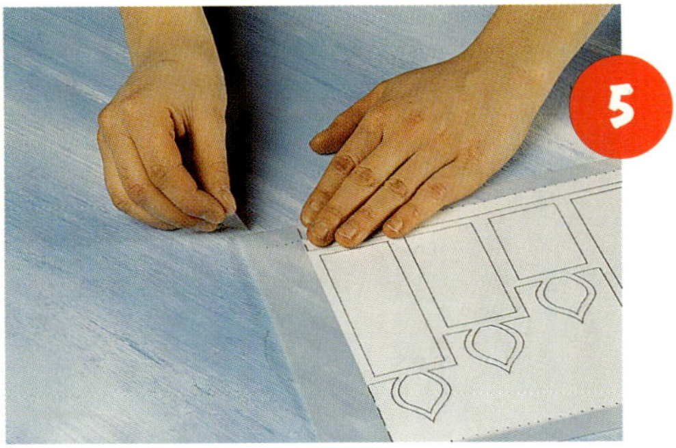

6 Die Konturen des Motivs werden mit einem spitzen, harten Bleistift nochmals unter leichtem Druck nachgefahren – bei diesem Arbeitsgang werden die Formen in das Tonpapier eingedrückt. Falls Sie beim Schneiden Schwierigkeiten haben, die eingedrückte Linie deutlich zu erkennen, fahren Sie diese nochmals mit einem Bleistift nach.

7 Schneiden Sie das Motiv mit einer spitzen Schere oder einem Bastelmesser aus; Kinder verwenden dafür am besten eine Kinderschere.
In der jeweiligen Anleitung wird erwähnt, wenn Teile mit der Lochzange ausgestanzt werden müssen.

8 Zeichnen Sie, falls notwendig, die Linien mit einem schwarzen Filzstift auf. Das Motiv wird nun fertiggestellt, indem die verschiedenen Einzelteile, die Sie zuvor mit Hilfe von Schablonen hergestellt haben, aufgeklebt werden. Hier handelt es sich dabei um die Innenteile der Kerzen.

Eisige Zeiten

Verwandeln sich in der Natur die Wassertropfen zu Eiskristallen, dann ist es Zeit, die Schlittschuhe hervorzuholen.

Eiskristalle
Jeder einzelne Eiskristall wird aus einem Stück weißen Tonkarton geschnitten. Arbeiten Sie dabei mit Schablonen wie auf Seite 5 erklärt.

Um solch eine schöne ornamental wirkende Kristallkette zu bekommen, werden die einzelnen Kristalle an den Spitzen zusammengeklebt.

Schlittschuhe

Diese Schlittschuhpaare werden, wie auf den Seiten 6 und 7 beschrieben, aus weißem Tonpapier, das gefaltet wird, gearbeitet.

Wir halten uns ganz fest

Für diese lustigen Schneemänner aus Tonkarton beachten Sie bitte die Anleitung auf Seite 5.
Nachdem die Körper aus weißem Tonkarton ausgeschnitten wurden, zeichnen Sie allen die Augen und die lachenden Münder auf.
Kleiden Sie die kühlen Männer in Westen, auf die je zwei Knöpfe aufgesetzt werden. Mit der umgebundenen Fliege wirken diese Gesellen besonders schick, und die zweiteili-

gen Mützen schützen gegen die eisige Kälte. Ergänzen Sie die typische spitze Nase.

Achtung: Jede zweite Nase wurde seitenverkehrt aus orangefarbenem Tonkarton ausgeschnitten.

Mit einer Lochzange stanzen Sie die auf dem Vorlagenbogen markierten Stellen an den Händen aus. Die beiden äußeren Hände der Schneemannkette benötigen keine Löcher.

Mit Musterklammern verbunden, halten sich diese netten Schneemänner ganz fest an den Händen und bilden eine fröhlich-bunte Kette.

Weihnachtliche Stimmung

Kerzenschein und das Knistern von Geschenkpapier, all das gehört zur Weihnachtszeit!

Kerzenpracht

Die Grundform der Kerzen wird nach den Arbeitsschritten auf den Seiten 6/7 aus Tonpapier geschnitten. Danach kleben Sie die Kerzeninnenteile sowie die Flammen auf.

Tannenbaumreihe

Diese Tannenbäume werden – wie auf den Seiten 6/7 beschrieben – aus weißem Tonpapier gearbeitet.
Nach Fertigstellung des Bandes schneiden Sie den rechten und den linken Stern ab.

Geschenkpäckchen

Gehen Sie bei der Herstellung dieser Päckchen nach der Anleitung auf Seite 5 vor.
Jede Paketgruppe wird einzeln aus weißem Tonpapier ausgeschnitten, und anschließend wird jedes einzelne Paket verziert. Die Paketgruppen werden durch Sterne, die jedoch aus gelbem Tonkarton (um die nötige Stabilität zu erreichen) geschnitten sind, miteinander verbunden.

Hurra, der Winter ist da!

Bei klirrender Kälte fühlen sich diese Pinguine und Schneemänner erst so richtig wohl.

Für beide Tonkarton-Motive gilt:
Gehen Sie nach der Anleitung auf Seite 5 vor. Alle Augen und gepunkteten Linien (siehe Vorlagenbogen) werden vor dem Ausschneiden aufgezeichnet.

Pinguinpaare

Die Pinguine erhalten ihr Fußpaar, den Schnabel, das Auge und ihr weißes Bauchteil mit Hilfe von Klebstoff. **Achtung:** Bei einigen Burschen sind Auge und Schnabel anders plaziert worden, so daß Paare entste-

hen. Gegen die Kälte brauchen diese Tiere einen Schal oder eine Mütze. Sie können den winterliebenden Gesellen auch beide Kleidungsstücke anziehen, obwohl gegen die Kälte auch eines ausreichen würde!

Schneemänner

Achtung: Jeder zweite Schal wird seitenverkehrt gearbeitet. Gehen Sie bei den Nasen genauso vor.
Diese netten Herren bekommen ihre lustige Möhrennase, den zweiteiligen Zylinder und einen kuschelwarmen Schal.

Bei beiden Motiven stanzen Sie die vorgegebenen Öffnungen an den Händen bzw. Flügeln (siehe Vorlagenbogen) mit der Lochzange aus, um dann die einzelnen Motive mit Musterklammern zusammenzufügen.

Und noch ein Schleifchen ...

Mit Schleifen werden die Weihnachtskerzen und die Strümpfe, die nur darauf warten, zum Nikolaustag gefüllt zu werden, miteinander verbunden.

Weihnachtskerzen

Arbeiten Sie die Kerzen und die anderen benötigten Teile aus Tonkarton wie auf Seite 5 beschrieben.
Die Dochte werden aufgezeichnet und dann die Flammen und die Sterne auf den Kerzenformen fixiert. Die dreiteiligen Schleifen verbinden die Kerzen.

Nikolausstrümpfe

Das Schleifenband aus rotem Tonpapier wird, wie auf den Seiten 6/7 beschrieben, gearbeitet. Die Strümpfe und die Einzelteile werden mittels Schablonen aus Tonpapier geschnitten.
Bei der Grundform der einzelnen Strümpfe schneiden Sie die gepunktete Linie auf und hängen den Strumpf an das Schleifenband, indem Sie die Schlaufe öffnen. Dann erhält der Strumpf die Öffnung aufgesetzt, und das aufgeschnittene Teil wird so ebenfalls wieder zusammengefügt. Die auf der Vorderseite aufgeklebte Sockenöffnung überdeckt die Schnittstelle. Dekorieren Sie zum Schluß die Strümpfe mit Sternen.

Ein Schäfer mit seiner Herde

Selbst die Kälte hält den Schäfer mit seiner Herde nicht davon ab, über das Land zu ziehen.

Dieses einteilige Tonpapier-Bandornament arbeiten Sie wie auf Seite 6/7 beschrieben.

Eine bärige Überraschung

In diesen fellbesetzten Nikolausstiefeln fühlen sich die Bären sichtlich wohl.

Das Motiv wird, wie auf Seite 5 beschrieben, aus Tonkarton hergestellt. Zeichnen Sie nach dem Ausschneiden die Gesichter sowie alle gepunkteten Linien (siehe Vorlagenbogen) auf. Die Teddys bekommen ihr Schnauzenteil aufgeklebt und werden dann in die zweiteiligen Stiefel gesteckt.

Fügen Sie die Mützenteile zusammen, und plazieren Sie sie auf den Bärenköpfen. Mit einer Lochzange werden die gekennzeichneten Punkte an den Pfoten der Teddys und an den Sternen herausgestanzt.

Mit Musterklammern können Sie nun die Sterne und die Teddys miteinander verbinden.

Für beide Tonkartonmotive gilt:
Gehen Sie nach der Anleitung auf Seite 5 vor, und zeichnen Sie die Gesichter, den Kerzendocht sowie alle gepunkteten Linien (siehe Vorlagenbogen) nach dem Ausschneiden auf.

Himmlische Boten

Besonders zur Weihnachtszeit treten diese himmlischen Wesen in Erscheinung.

Singende Engel

Die zweiteilige Kerze wird samt Händen auf dem Kleid plaziert. Fixieren Sie das Haar auf dem Kopfteil, das dann auf dem Körper befestigt wird. Die Flügel sind von hinten ergänzt. Mit den Musterklammern, die durch die mit der Lochzange ausgestanzten Öffnungen in den Flügeln gesteckt werden, verbindet man die Engel miteinander. Und schon können sie im Chor himmlische Klänge anstimmen.

Engel mit Stern

Fügen Sie das Haar- und Gesichtsteil zusammen, und plazieren Sie es auf dem Körper. Jeder Engel erhält seine Hände und das blaue Band als Gürtel. Stanzen Sie mit der Lochzange die Öffnungen an den Händen und Sternen heraus.
Nun werden die Motive mit Musterklammern miteinander verbunden.

Morgen kommt der Nikolaus!

Kinder, stellt schnell die Stiefel raus! Der Nikolaus stapft bereits durch den tiefen Wald und ist auf dem Weg zu euch!

Arbeiten Sie die Motive wie auf Seite 5 beschrieben. **Achtung:** Die Hälfte der Nikoläuse wird seitenverkehrt ausgeschnitten (rote Grundform).
Die Nikoläuse aus rotem Tonkarton bekommen ihre Augen und alle gepunkteten Linien (siehe Vorlagenbogen) aufgezeichnet. Fixieren Sie das Gesichtsteil mit der aufgesetzten Nase hinter dem Bart-/Fellteil. Dieses

wird dann zusammen mit dem aufgeklebten Schnurrbart auf dem roten Körperteil plaziert.
Ergänzen Sie als nächstes die Mantelfelle und den Pompon. Nun braucht der wohlgenährte Nikolaus noch seinen Gürtel mit der goldenen Schnalle.
Mit der Lochzange stanzen Sie die vorgegebenen Öffnungen sowohl beim Nikolaus als auch bei den Tannenbäumen heraus.
Die einzelnen Motive werden mit Musterklammern miteinander verbunden. Sie können auch eine reine Nikolaus- oder Tannenbaumreihe bilden.

Funkelnder Sternenwald

Für beide Motive gilt: Für einen Stern oder Tannenbaum benötigen Sie jeweils die Grundform in dreifacher Ausfertigung. Am besten verwenden Sie dafür Schablonen wie auf Seite 5 beschrieben.

Beim mittleren Teil stanzen Sie die auf dem Vorlagenbogen vorgegebenen Löcher mit der Lochzange in den Karton. Bei den Tannen können Sie zwischen zwei unterschiedlichen Höhen wählen. Die zwei übrigen Teile knicken Sie an der gepunkteten Linie (siehe Vorlagenbogen; siehe Tips und Tricks S. 4).

Diese dreidimensionalen Tannen- und Sternengirlanden aus Tonkarton werden sicher von vielen Besuchern bewundert.

Bevor Sie das vordere und hintere geknickte Teil aufkleben, fädeln Sie die Motive auf ein schmales Geschenkband (3 mm breit). Damit die Teile auf dem Band nicht verrutschen, werden Sie mit ein wenig Klebstoff fixiert. Schmücken Sie die Tannenteile mit Sternen, und plazieren Sie dann jeweils die beiden anderen Teile mit Klebstoff hinter und auf dem Motiv, damit ein plastischer Stern bzw. Baum entsteht. Sie können die Sternen- und die Baumgirlande auch miteinander kombinieren, indem Sie abwechselnd einen Stern und einen Tannenbaum an das Band hängen.

Viele Nikolaus-helfer

Diese Tonkartonmänner haben sich in großer Zahl versammelt und warten nun auf ihren Einsatz am Nikolaustag.

Doch bevor es soweit ist, gehen Sie nach der Anleitung auf Seite 5 vor. Nach dem Ausschneiden werden bei allen Weihnachtsmännern die Augen und alle gepunkteten Linien (siehe Vorlagenbogen) aufgezeichnet.
Achtung: Einige Nikoläuse werden seitenverkehrt ausgeschnitten. Das Gesichtsteil wird auf dem Körper plaziert, und alle Fell- und Bartteile werden ergänzt. Bevor Sie die Öffnun-

gen an den Händen mit der Lochzange ausstanzen, fixieren Sie den Pompon und die rote Nase.
Mit Musterklammern vereinigt, warten die vielen Nikolaushelfer nur noch auf den 6. Dezember, um dann die Schuhe und Strümpfe der braven Kinder zu füllen.

Glockengeläut zur weißen Weihnacht

Das Glockenband aus Tonkarton läutet die weiße Weihnacht auch für die Schneemänner im Winterwald ein.

Beide Motive werden, wie auf Seite 5 beschrieben, gearbeitet.

Glockenband

Eine Glocke besteht aus drei Teilen, wobei das mittlere samt Aufhängung und Schlegel geschnitten wird.

Durch die aufgeklebte Vorder- und Rückseite erhält sie ein plastisches Aussehen. Dabei werden die beiden Teile an der gepunkteten Linie geknickt und mit Klebstoff mittig von vorne und von hinten auf der Grundform plaziert. Verbinden Sie nun die dreiteilige Schleife mit der Glocke.
Stanzen Sie die auf dem Vorlagenbogen angegebenen Kreise mit Hilfe einer Lochzange heraus, und fädeln Sie die Glocken auf ein schmales Geschenkband (3 mm breit).

Schneemänner im Winterwald

Achtung: Bei einigen Schneemännern sind die Mütze und die Nase seitenverkehrt ausgeschnitten.
Die weiße Grundform des Schneemanns und des Tannenbaums besteht aus jeweils drei Teilen. Zeichnen Sie die Augen und den Mund der Schneemänner auf; die Möhrennase ist aufgeklebt. Gegen die Kälte schützt eine warme Mütze. Die aufgesetzten Bauchteile sind in der Mitte – wie auch die aufgesetzten Teile der Tannenbäume – an der gepunkteten Linie (siehe Vorlagenbogen) geknickt. Stanzen Sie mit Hilfe der Lochzange die vorgegebenen Öffnungen in der Mütze (siehe Vorlagenbogen) heraus. Bei den Bäumen fädeln Sie zunächst die mittlere Grundform des Baumes auf, bevor Sie das Vorder- und Rückenteil mit Klebstoff fixieren.

Fröhliche Weihnacht!

Im Himmel und auf der Erde werden die Vorbereitungen für das größte Fest des Jahres getroffen. Engel packen die Geschenke ein, und die Menschen schmücken ihre Wohnungen und die Weihnachtsbäume, um die Gaben angemessen zu empfangen.

Beide Motive werden, wie auf den Seiten 6/7 beschrieben, gearbeitet.

Weihnachtskugeln

Dieses festliche Bandornament wird aus rotem Tonpapier ausgeschnitten.

Engel mit Geschenken

Ergänzen Sie bei den Engeln aus Tonpapier das Haar und die Schleifen der Pakete. Die aufgeklebten Sterne aus Tonpapier geben dem Band die nötige Stabilität.

Eislauf der Bären

Wenn alle Seen zugefroren sind, können es die Eisbären kaum erwarten, ihre neuen Schlittschuhe auszuprobieren!

Arbeiten Sie die Motive, wie auf Seite 5 beschrieben, aus Tonkarton. Die Tannenbäume bestehen aus drei Teilen (Mittel-, Vorder- und Rückenteil). **Achtung:** Ein Teil der Eisbären wird seitenverkehrt gearbeitet.

Das Gesicht der Bären und alle gepunkteten Linien (siehe Vorlagenbogen) werden aufgezeichnet. Jeder Eisbär erhält zunächst seinen vorderen Arm. Schal und die zweiteilige Mütze schützen vor der klirrenden Kälte.

Ziehen Sie mit einer Nadel einen Faden (Nähgarn oder Zwirn) durch die Eisbärenmützen und die Mittelteile der Tannenbäume (siehe Vorlagenbogen). Danach ergänzen Sie die Vorder- und Rückseiten der Bäume, die jeweils in der Mitte geknickt und dann aufgeklebt werden (siehe gepunktete Linie auf dem Vorlagenbogen).

Mit ein wenig Klebstoff können Sie die Motive fest am Faden positionieren. Natürlich kann die Reihenfolge der Motive am Faden variiert werden.